动物布鲁氏菌病
防控知识问答

中国兽医药品监察所　组编

中国农业出版社
北京

图书在版编目（CIP）数据

动物布鲁氏菌病防控知识问答／中国兽医药品监察
所组编．—北京：中国农业出版社，2023.6
ISBN 978-7-109-30807-7

Ⅰ.①动… Ⅱ.①中… Ⅲ.①动物细菌病—布鲁氏菌
病—防治—问题解答 Ⅳ.①S855.1-44

中国国家版本馆CIP数据核字（2023）第108663号

中国农业出版社出版
地址：北京市朝阳区麦子店街18号楼
邮编：100125
责任编辑：神翠翠
版式设计：小荷博睿　责任校对：吴丽婷
印刷：中农印务有限公司
版次：2023年6月第1版
印次：2023年6月北京第1次印刷
发行：新华书店北京发行所
开本：850mm×1168mm　1/32
印张：1.5
字数：80千字
定价：29.80元

编委会

编写人员

主　　编　郭　晔　刘业兵

副　主　编　印春生　彭小薇　李　倩

参　　编　冯　宇　张　勇　马　苏

　　　　　郭　辉　卢　旺　张广川

　　　　　郭桐同　王　彬　杜昕波

　　　　　王团结　娄瑞涵　孟伯龙

布鲁氏菌病（简称布病）是由布鲁氏菌引起的一种人兽共患病，也是世界上流行最广泛的细菌性人兽共患病，在世界上 170 多个国家和地区流行，危害公众健康，全球每年有超过 50 万人感染布鲁氏菌病，给全球造成巨大损失，每年因该病造成的直接经济损失接近 30 亿美元。该病的易感动物主要为牛、羊、猪等家畜，可通过直接或间接接触受感染的动物或受污染的物品导致疾病的传播。因此从动物源头综合防控布病势在必行。

为普及动物布病防控知识，我们编写了本手册，以知识问答的方式呈现。内容涵盖了布病基本知识、疫苗免疫与防控知识、生产生活中常见问题等方面，力求以浅显易懂的文字、简洁形象的图片和内容生动的视频，向基层养殖场（户）宣传政策法规，传播布病防控知识，助力畜牧业高质量发展，为乡村振兴和农业现代化做出积极贡献。

由于编者知识面和专业水平所限，书中难免存在疏漏与不妥之处，敬请广大专家、读者批评指正。

编　者

2023 年 4 月

目录
Contents

前言

一　布鲁氏菌病基本知识

二 布病疫苗免疫与防控知识

三　生产生活中布病预防知识

一、布鲁氏菌病基本知识

1 什么是布鲁氏菌病?

答► 布鲁氏菌病简称布病（又称马耳他热、地中海弛张热或波浪热），是由布鲁氏菌引起的人兽共患的传染性疾病（人的布病又称为"懒汉病""蔫巴病"等）。

2 什么是布鲁氏菌?

答► 布鲁氏菌为小球杆状细菌，革兰氏染色阴性，无鞭毛，不形成芽孢。

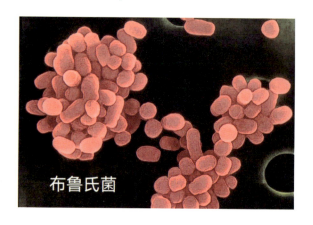

布鲁氏菌

3 布鲁氏菌在自然环境中存活多长时间?

答> 在污染的土壤、水,病畜的分泌物、排泄物,以及死畜的脏器中能生存1～4个月;在食品中约生存2个月;在低温下,布鲁氏菌十分稳定,细菌在4～7℃可存活数月,−20℃以下,特别是在−70～−50℃环境中十分稳定,可保存数年之久。

4 布鲁氏菌能被杀灭吗?

答> 布鲁氏菌对高温、紫外线、各种消毒剂敏感,容易被杀死。布鲁氏菌在日光直射和干燥的条件下,抵抗力较弱。一般情况下,日光直射4小时可被杀灭,日光散射 7 ～ 8 天可被杀灭，紫外线直射 5 ～ 10 分钟就能将布鲁氏菌杀死。

5 布鲁氏菌主要感染哪些动物？

答 布鲁氏菌主要感染的家畜有羊、牛、猪，其次是鹿和犬等动物。

6 羊感染布病后的主要症状是什么？

答 羊感染布病的主要表现是生殖器官和胎膜发炎等。感染公羊常伴有睾丸炎、附睾炎，甚至导致不育；急性感染母羊怀孕后 3 ～ 4 个月时易流产，流产前可能精神不振、食欲减退，流产后常并发子宫内膜炎、眼结膜炎、乳腺炎等，慢性感染母羊没有明显的症状，也可能不表现流产。

7 牛感染布病后的主要症状是什么？

答 牛布鲁氏菌感染率较高的季节为春季。母牛主要表现为怀孕母牛的流产，产出死胎或弱胎。流产后可能出现胎衣不下或子宫内膜炎，流产后阴道内继续排出褐色恶臭液体。公牛主要表现为睾丸炎或附睾炎，并失去生育能力，也可发生关节炎、滑液囊炎、淋巴结炎或脓肿。

8 猪感染布病后的主要症状是什么？

答 怀孕母猪主要症状是流产，流产的胎儿大多为死胎，并可能发生子宫炎。公猪主要症状是睾丸炎和附睾炎，公、母猪都可能出现关节炎症状，表现为局部关节肿大、疼痛，关节囊内液体增多。

扫码看视频

9 布病的主要传染源有哪些？

答 羊、牛、猪等家畜常感染布病，并由它们传染给人和其他家畜，病畜的流产物是造成布病流行的主要传播因子，此外感染动物的乳汁、肉类、皮毛、流产物、阴道分泌物、尿、粪便及被污染的土壤、水、饲草等是主要传染源。

10 布病主要的传播途径是什么？

扫码看视频

答〉布鲁氏菌侵袭力很强，可以通过皮肤侵入，也可以经过呼吸道和黏膜感染。病菌污染环境后会形成气溶胶，健康动物暴露在带菌气溶胶中会导致病菌从呼吸道和其他组织的黏膜侵入机体，导致感染。昆虫作为媒介也能造成布病传播，比如蚊子、蜱虫叮咬导致感染。

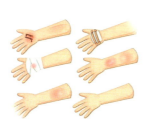

扫码看视频

11 布病通过什么方法来诊断？

答 实验室诊断方法主要包括血清学诊断方法和病原学诊断方法。目前应用最广泛的方法是血清学诊断方法。

血清学诊断方法中，初步诊断采用虎红平板凝集试验（RBT），也可采用荧光偏振试验（FPA）、全乳环状试验（MRT）和竞争酶联免疫吸附试验（cELISA）。确诊采用试管凝集试验（SAT），也可采用补体结合试验（CFT）和酶联免疫吸附试验（ELISA）。

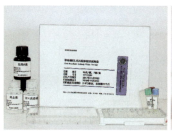

12 布病检测试剂盒如何选择？

答 布病检测试剂盒种类较多，使用有国家兽药批准文号的检测试剂盒。

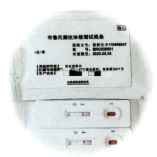

13 我国的布病疫区如何分类？

答> 根据布病流行程度，把布病疫区分为三类：严重流行区、一般流行区和散发流行区。

14 不同疫区如何防控？

答> 针对不同疫区，采取不同的防控政策。对严重流行区，采取免疫-检疫-扑杀和移动控制的综合防控措施；对一般流行区，主要实施检疫-扑杀和移动控制措施，在部分流行较严重地区，可考虑免疫；而散发流行区则实施检疫-扑杀措施。动物仅允许从低流行区向高流行区流动。国家每年都发布并实施布病监测计划。扑杀对象为患病动物，对扑杀后的尸体实施无害化处理。

一般情况下无害化处理采取深埋法，也可采用化制或焚烧的方式。

15 哪些消毒剂对布鲁氏菌有较好的杀灭效果？

扫码看视频

答 目前对布鲁氏菌杀灭效果良好的消毒剂主要有季铵盐类消毒剂（如新洁尔灭）、乙醇、聚维酮碘和戊二醛类消毒剂等，可根据具体情况选择性使用。一般耐热物品可以煮沸消毒，环境消毒可使用合适浓度的过氧乙酸溶液或84消毒液、漂白粉溶液等含氯消毒剂进行喷洒消毒。

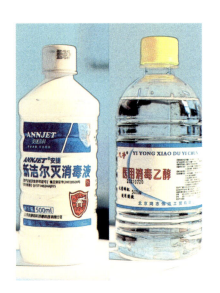

16 使用消毒剂有哪些注意事项？

答 消毒浓度：按照消毒剂使用说明书中标明的使用浓度进行配制。

消毒时间：通常而言，消毒时间越长的消毒效果越好，在实际使用时可以适当延长消毒时间以保证消毒效果。但是，具有挥发性的消毒剂（如醇类或醛类消毒剂），消毒时间延长并不能增强消毒效果。

消毒温度：消毒剂在室温或较高温度下的消毒效果较好，大多数消毒剂在低温中的消毒效果均较差。在低温消毒时，需要选择能在低温下正常使用的消毒剂以保证消毒效果。同时，某些挥发性或刺激性消毒剂如使用温度过高可能会影响消毒效果，甚至对使用人员或动物造成伤害。

有机物影响：如果在消毒时存在大量有机物（如粪便、垫料、泥土等），这些有机物会稀释或中和掉大多数消毒剂的有效成分，导致消毒效果变差甚至完全丧失。所以，在消毒前应尽量打扫消毒环境，保证良好的消毒效果。

17 布病是否需要强制免疫？

答 根据《国家动物疫病强制免疫指导意见（2022—2025年）》的规定，在严重流行区对种畜以外的牛羊进行布病强制免疫，种畜禁止免疫。

18 哪些牲畜可以接种布病疫苗？

答 农业农村部畜牧兽医局印发了《全国布鲁氏菌病免疫县和免疫奶牛场名单》，名单中的免疫县或者免疫奶牛场应当科学规范开展免疫与监测；非免疫县和非免疫奶牛场要严格开展监测净化。

19 布病疫苗有几种？

扫码看视频

答 目前，我国已批准用于动物布病免疫的疫苗主要有猪种布鲁氏菌2号弱毒活疫苗（简称S2疫苗）、羊种布鲁氏菌5号弱毒活疫苗（简称M5疫苗）、牛种布鲁氏菌19号弱毒活疫苗（简称A19疫苗）、布鲁氏菌病活疫苗（A19–ΔVirB12株）和布鲁氏菌基因缺失活疫苗（M5–90Δ26株）等。

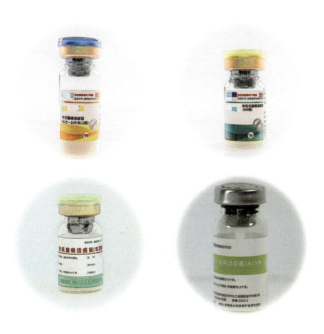

20 如何识别布病疫苗的真假？

扫码看视频

答 辨别兽药产品文号真伪，可查询中国兽药信息网（网址：http://www.ivdc.org.cn）的"兽药政务信息系统管理平台"或国家兽药综合查询App，可以查询到的信息有兽药产品批准文号数据、兽用生物制品批签发数据、兽药监督抽检结果数据等。如果查询不到产品标签上的生产企业、批准文号和批签发相关信息，则该产品为"假疫苗"。

产品疫苗瓶（或包装盒）标签上应显著印刷标签二维码，可以通过扫描二维码获得该产品的批次信息。兽药二维码追溯信息的基本组成：24位数字追溯码、产品名称、产品批准文号或进口兽药注册证书、生产企业简称。如果无上述相关信息，则该产品为"假疫苗"。

21 S2 疫苗适合用于哪些动物免疫？

答 S2疫苗主要适用于猪、牛、山羊和绵羊等多种动物免疫。S2疫苗的菌种是猪种S2弱毒疫苗株，毒力较弱，为弱毒活疫苗，它具有免疫效果好和使用方便的特点。可采用皮下、肌内、口服等免疫途径。该疫苗最适宜通过口服免疫猪、牛、山羊和绵羊，副作用小。缺点是注射接种免疫可能导致怀孕母畜流产，也不能注射免疫牛和小尾寒羊。

22 M5 疫苗适合用于哪些动物免疫？

答 M5疫苗主要适用于羊、牛和鹿免疫。M5疫苗的菌种是羊种布鲁氏菌5号弱毒菌种。采取皮下注射和气雾法进行免疫，使用方便，免疫期1年，免疫效果良好。对非怀孕牛、山羊和绵羊注射免疫一般比较安全，有部分家畜在接种后1～2天有轻微的体温及局部反应。泌乳牛注射接种后，产乳量略有下降，5～7天后恢复正常；孕畜注射后，可引起部分流产。因此，怀孕母畜和公畜不要注射免疫此种疫苗。

23 A19 疫苗适合用于哪些动物免疫？

答 A19疫苗主要适用于牛和绵羊免疫，对山羊免疫效果不好，对猪无效。A19疫苗的菌种是牛种布鲁氏菌19号弱毒菌种。A19疫苗为弱毒活疫苗，主要在我国西北、东北等地区使用。该疫苗对犊牛及绵羊是安全的，山羊反应较重。泌乳牛经注射接种 A19 活疫苗后，产乳量下降，1 周左右才恢复正常，且孕畜经注射接种免疫后可引起流产，故一般也不用于孕畜。

24 A19-ΔVirB12 株疫苗适合用于哪些动物免疫？

答 A19-ΔVirB12 株疫苗用于预防牛的布病。该疫苗是以布鲁氏菌病活疫苗株(A19 株)为亲本株，应用基因同源重组方法，缺失其毒力基因 VirB12 获得的布鲁氏菌基因缺失活疫苗。动物接种该疫苗后不仅可以获得免疫保护，而且还能将疫苗免疫动物和自然感染动物进行区别，有利于临床患病动物的检疫和淘汰，从而保护人们的健康和安全。该疫苗具有以下优势：带有基因标记，该疫苗接种动物后可区分疫苗免疫动物和自然感染动物；缺失了毒力基因，疫苗安全性更高；抗原含量精准能产生更好的免疫保护。

25 M5-90Δ26 株疫苗适合用于哪些动物免疫？

答 M5-90Δ26 株疫苗用于预防羊的布病。该疫苗在 M5-90 疫苗的基础上研发，其免疫效果与 M5-90 差别不大，但是使用其配套的鉴别诊断试剂盒可实现对免疫动物和自然感染动物的有效鉴别，对布病的流行病监测、净化群建立和无疫区建设有重要意义。

26 如何保存布病疫苗？

答 动物用布病疫苗均为弱毒活疫苗，对温度敏感。布病疫苗都应按照说明书在合适的温度下存放，运输途中需置于冷藏箱或加冰块的保温桶中，保证疫苗保存在规定的温度条件，避免阳光照射。疫苗保存期一般都为1年，不可使用过期疫苗。

27 使用布病疫苗时人员防护有哪些注意事项？

扫码看视频

答 免疫人员应穿戴一次性口罩、手套、防护服、胶靴或鞋套，佩戴一次性防护眼罩等装备。必要时可佩戴多层手套，防止因动物或利器划破手套导致感染。防护服应保证完整，无破裂和损坏。佩戴口罩时应保证口罩无损坏，密封严实。使用时应注意不要将注射针头对向人员，使用后应将针头放在专用容器中防止人员误伤。应对动物进行充分保定，在保定和免疫动物时应观察其状态，防止动物挣扎或跑动导致免疫失败或出现人员损伤。

28 动物免疫布病疫苗后会不会排出疫苗菌？

答 采用正常的免疫途径进行免疫时，排出疫苗菌的可能性非常低，但是如果未按照正常的免疫操作，例如对怀孕牛和泌乳牛进行A19疫苗株注射免疫时，可能会发生流产排菌和乳汁排菌的情况，因此一定要严格按照说明书进行免疫。

29 使用布病检测试剂盒对免疫过的动物和野毒感染的动物检测结果都为阳性，该如何区分？

答 我国广泛使用的S2、M5、A19疫苗，均为光滑型疫苗，它们产生的免疫抗体与自然感染抗体无法进行区分。一般对S2、M5、A19疫苗免疫接种过的动物，在免疫后18个月（猪免疫后6个月）免疫抗体消失后再进行抗体监测。

我国已有可区分免疫与野毒感染的A19–ΔVirB12株和M5–90Δ26株疫苗研发成功并已上市，免疫这两种疫苗可以使用其配套的检测试剂盒区分免疫动物与野毒感染动物。

30 疫苗免疫过程中的注意事项？

答 在疫苗使用前要对动物群体的健康状况进行认真检查。凡精神、食欲、体温不正常的，有病的，体质瘦弱的，怀孕期的动物，不予接种或暂缓接种。否则，不但不能产生良好的免疫效果，而且可能会因接种应激而诱发疫病，甚至发生疫病流行。留作种用的公畜不得进行免疫，产乳、怀孕期的动物不宜免疫。在动物接种前后3天，即6天内不要使用抗菌药物。

疫苗稀释前认真查看疫苗包装是否完整，包括疫苗名称、疫苗使用剂量、生产厂家及批号、批准文号、保存期、失效期。出现瓶盖松动、疫苗瓶破损、超过保质

请检查好疫苗包装及信息是否完整再为我接种！

期、色泽与说明不符、物理性状异常等情况时，不得使用。

正确处理疫苗反应。疫苗接种后，个别动物可能出现体温升高、食欲减退等应激反应，一般在3天内可以自行恢复。重症者可以注射肾上腺素等药物，并采取辅助治疗措施。

31 布病疫苗在35℃左右放置10小时还能用吗？

答 布病疫苗均为弱毒活疫苗，对温度敏感。布病疫苗都应存放在2～8℃冷暗处，运输途中需置于冷藏箱或加冰块的保温桶中，避免阳光照射。若疫苗保存不当，将降低疫苗效果，使得被免疫的动物无法获得足够的保护力，所以在35℃左右放置10小时的疫苗不建议使用。

32 同一种布病疫苗究竟应该采取哪种免疫接种方式？

答 疫苗接种方式会在兽药使用说明书上列出，使用者可根据动物类型选择安全性高、免疫效果较好、使用方便的免疫方式进行接种。

33 不同种类动物的布病疫苗能够交叉使用吗?

答 布病疫苗与动物种类有关,按照说明书对动物进行接种,不建议交叉使用。

34 接种布病疫苗时会不会感染人?

答 目前我国使用的布病疫苗均为弱毒活疫苗,对人均有一定的致病性,但在做好防护的前提下,不会引起人的感染。因此,防疫人员在开展布病免疫工作前,一方面应该接受过正规专业的培训,另一方面要做好个人的生物安全防护工作。万一由于操作不当,出现疑似布病的发病症状,应当立即就医。

35 免疫过程中被污染的针头扎伤或疫苗溅入眼中该如何处理?

答 免疫期间若被针头扎伤,挤血后用碘酊棉球擦拭消毒;若不小心误操作导致疫苗溅入眼睛中,应用氯霉素眼药水清洗眼睛。做完以上操作后仍应到医院进一步处理,按医嘱使用抗生素进行预防和治疗。

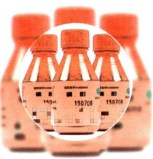

36 用完的疫苗瓶如何处理?

答> 已稀释的剩余疫苗应煮沸灭菌后再按规定处理，其他免疫废弃物特别是疫苗瓶应煮沸灭菌后处理，切忌在栏舍内乱扔乱放，以防散毒，污染环境。

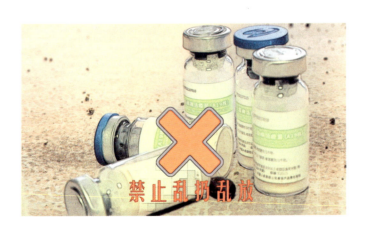

禁止乱扔乱放

37 免疫过程中使用过的防护用品等如何处理？

答 使用过的防护用品要进行消毒。如重复利用的（胶靴和护目镜等），置于指定容器内浸泡消毒处理。一次性防护装备，置于指定容器内及时销毁处理，一般置于垃圾袋中，表面喷洒消毒药，就近焚烧深埋。免疫过程中穿着的个人防护物品须用70℃以上的热水浸泡30分钟，或用消毒剂浸泡3～5分钟，然后再用肥皂水洗涤，放在太阳下晾晒，自然干燥。

38 免疫时疫苗液溅到身上，应该怎么处理？

答 在免疫操作过程中，如疫苗液不慎溅到工作人员身上，应停止作业，立即消毒。如果疫苗液喷到护目镜、口罩、工作服上应立即更换，取下的防护用品放到指定容器内用新洁尔灭浸泡，再用清水清洗后晾干备用；如果疫苗液喷溅至人员皮肤，用新洁尔灭溶液进行清洗消毒，再用清水冲洗。

39 免疫布病疫苗后能否使用抗菌药？

答 布鲁氏菌对大多数常用抗菌药均较为敏感，免疫布病疫苗后，疫苗菌在家畜体内尤其是在血液和淋巴液中存活期间可能会被抗菌药杀灭从而影响免疫效果，所以在使用疫苗后短期内不建议使用抗菌药或有抑菌作用的中药制剂等；同时为了防止激素类药物引起免疫抑制造成免疫失败，在免疫前后两天不建议使用地塞米松等糖皮质激素类药物。

使用疫苗后短期内不建议使用抗菌药

40 感染布病的家畜还能用活疫苗吗？

答 布病活疫苗只接种健康畜群，感染布病的家畜不建议用活疫苗。布鲁氏菌是一种细胞内寄生菌，如果在家畜接种疫苗前已经感染，即使接种疫苗，表面上是抗体阳性，但是家畜机体一旦免疫机能下降，布鲁氏菌便从细胞内释放进入体液循环，机体启动记忆反应，发挥细胞免疫和体液免疫，将体液中的病原菌清除，这一过程伴随着动物的发热等体征，随后退热，家畜看似恢复，但在细胞内的病原菌并不能清除，这样就导致反复发热，对畜群构成潜在的风险。因此，在免疫接种前必须保证家畜的健康，要对畜群进行检疫，血清学阳性或出现发热、流产等临床症状的可疑畜只，必须隔离，只接种健康畜群，否则会造成畜群长期隐性带菌。

41 感染布病的养殖场应采取哪些控制措施？

扫码看视频

答 如果养殖场的未免疫动物或免疫抗体消失后的免

疫动物抗体转阳，可怀疑为感染布病，具体处理方式如下。

隔离饲养：将转阳动物隔离至单独圈舍饲养，并对动物体表进行彻底消毒，其使用的饲料和其他工具应不与健康动物的混用。在隔离期间注意观察其是否出现临床症状，如出现布病临床症状且病原学和血清学均为阳性，可按照相关要求对动物进行处理；如未出现症状且抗体消失可以混群饲养。

环境消毒：对全场环境进行彻底消毒，尤其是对疑似感染动物的圈舍、饲草、饮水、排泄物、生产设备等进行彻底消毒。同时隔离圈舍应每天进行消毒。

全面监测：在发生疫情后，应对养殖场所有动物进行全群抗体检测，对阳性动物按照上述要求进行隔离饲养，阴性动物表面消毒后饲养，并在每周进行抗体监测，如有条件可以进行核酸检测。

紧急免疫：如养殖场确定发生布病疫情，可对确定的阴性动物进行紧急免疫。

42 免疫前应做好哪些准备？

答 确定动物的免疫背景与检疫情况。了解动物何时进行过何种疫苗的免疫，有无疫病感染情况。

动物状态观察。在免疫前应观察动物饮食、状态、行动是否存在异常，对动物进行体温测定，对于发现的异常动物应暂缓接种疫苗，待恢复正常后根据情况接种。

体表检查与消毒。对准备进行免疫的动物体表进行检查，检查体表是否有破溃或其他异常，如有异常应记录后选择其他部位接种。同时应清除动物体表杂物或寄生虫，如动物毛发过长应剔除多余毛发后接种。

43 布病疫苗能否与其他疫苗同时使用？

答〉 一般不与其他疫苗同时使用，多种疫苗同时使用可能会影响疫苗的免疫效果，还可能产生严重的副反应。

44 布病疫苗免疫由谁来实施？

答〉 由于布病疫苗对人具有一定的感染性，所以应该由受过专业培训的动物防疫人员或者兽医开展布病疫苗的免疫。在免疫过程中一定要注意做好生物安全防护工作，同时对废弃的防护服、手套、口罩、用完的疫苗瓶和剩余疫苗液等做好无害化处理。

45 有针对人用的布病疫苗吗?

答 我国分别使用19-BA疫苗和104M疫苗进行人群免疫,两者均为弱毒活疫苗,在有布病暴发或流行时,对严重受威胁人群进行免疫。19-BA疫苗和104M疫苗对保护高危职业人群、布病疫情流行严重地区的人群具有重要意义。

46 国外布病流行情况如何?

答 据报道,截至目前,发生过布病的国家和地区达到170多个。国外多数国家使用S19和RB51疫苗进行防控,各国根据自身国情制定了防控方案,目前已有多个国家宣布根除了人、畜布病。

三、生产生活中布病预防知识

47 牛奶或羊奶经过高温可以灭活布鲁氏菌吗？

答 布鲁氏菌不耐热，对高温抵抗力不强，没有经过处理的牛奶或羊奶中可能含有布鲁氏菌，80℃加热2小时或100℃加热5分钟即可灭活。

牛奶80℃加热2小时或100℃加热5分钟即可灭活布鲁氏菌

48 私自宰杀和分割牛羊肉（包括冷冻肉）时是否存在布病感染风险？

答 接触患病动物的胴体是感染布病的途径之一，屠

29

宰场工人或私自宰杀动物的人员是感染布病的高风险人群。如果未经检疫或检疫不合格，那么宰杀或分割肉时就存在较高的感染风险。

49 日常生活中，哪些人员感染布病的风险较高？

答 日常生活中喜食未经加工处理的生奶及生奶制品，以及生拌肉或生内脏等，或未洗手即拿取食用肉奶等食物的人员容易感染布病。而针对行业风险来说，养殖场的饲养管理人员、屠宰家畜的人员、畜牧兽医人员，畜产品收购、保管、运输及加工人员，从事布鲁氏菌实验操作及疫苗研制等兽用生物制品的专业技术人员都有感染布病的风险。

50 生产生活中哪些好习惯会降低布病感染风险？

答 养殖场（户）定期对牛、羊畜栏消毒，按时做好动物免疫；不使用人用的盆或碗饲喂家畜，家中人员尽量避免和牲畜接触。从事饲养、放牧、兽医或布鲁氏菌研究工作的人，在工作中应做好个人防护，工作后严格规范消毒，不将病原微生物带到家中。

日常生活中要做到勤洗手，不食生奶及其制品；通过大型超市等正规合法渠道购买食品，不吃生的和半生的肉及其制品；日常在厨房中做到生熟制品工具分开，避免交叉污染。

生熟制品工具分开　　　　　勤洗手

51 发现疑似布病病畜后应该怎么办？

答> 根据《中华人民共和国动物防疫法》的相关规定，从事动物饲养的单位和个人，发现动物染疫或者疑似染疫的，应当立即向所在地农业农村主管部门或者动物疫病预防控制机构报告，并迅速采取隔离等控制措施，防止动物疫情扩散。

52 免疫接种人员的伤口，沾了疫苗液后用肥皂水洗净，可能被感染吗？

答 布鲁氏菌可以通过带有伤口的皮肤造成感染。兽用布鲁氏菌疫苗均为活疫苗，由于疫苗菌株的毒力显著低于临床分离菌株，而且肥皂的有效成分具有良好的杀菌作用，所以感染概率较小，必要时可以咨询医生，及时进行预防。

53 养殖场如何进行日常检疫管理？

答 在非免疫地区，养殖场必须严格做好家畜的定期检疫，实施布病剔除净化。当地动物疫病预防控制机构应对所有种畜和奶畜每年至少开展1次检测，对其他家畜每年至少开展1次抽检，发现阳性病畜的场群应进行逐头检测。在免疫地区，对新生动物、未免疫动物、免疫一年半或口服免疫一年以后的动物进行监测（猪可在口服免疫半年后进行）。

引种、补栏、贩运、屠宰或利用相关动物进行实验研究时，必须严格查阅有无动物卫生监督机构出具的检疫证明，必要时应采集样品进行实验室检测，确保家畜没有感染布病。

抓好饲养管理，坚持自繁自养，要对饲养圈舍做好消毒工作，降低布病的发病率。牲畜进场前必须进行严格的检疫，确保其不携带致病原。对早产、流产等疑似病畜，当地动物疫病预防控制机构应及时采样开展布病血清学和病原学检测，发现阳性病畜的，应当追溯来源场群并进行逐头检测。

54 养殖场日常饲养管理中应注意哪些事项以降低布病发生风险？

答> 日常饲养管理中，应确保畜舍保暖通风，并具备一定的防暑降温条件。饲养圈舍内应提供充足的清洁饮水，保持畜舍洁净干燥，保持合理的饲养密度，以降低应激等因素，保证动物营养充足，增强畜群抗病能力。

定期做好畜舍、挤奶大厅、运动场及周边环境的消毒、杀虫、灭鼠工作；奶和奶制品也应使用巴氏消毒法进行消毒；发现病畜后要将其进行隔离或扑杀，以深埋或焚烧等方式对其进行无害化处理；人员处理病畜产物和死畜时一定要做好个人防护。

55 养殖场的布病如何净化？

答 对从未发生过布病的养殖场，应坚持自繁自养。引进的牲畜必须在隔离条件下检疫，确认无感染后方可入群。对受此病威胁的畜群，每年用虎红平板凝集试验（国标方法）定期检疫2次，检出的阳性病畜立即淘汰，可疑病畜应及时分群隔离饲养，等待复查。检疫合格的养殖场，每年按疫苗说明书定期对动物预防接种，定期检疫，即可实现布病净化。

56 养殖场引种应注意哪些事项？

答 在引种过程中，必须要做好运输过程中的防疫，注意途中不能接触到布鲁氏菌病原，对于运输车辆及运输人员须提前做好消毒。由于运输人员会经常接触到不同养殖场的运输工具，因此应尽量避免运输人员接触牲畜。对于场内的牲畜一定要每年定期进行布鲁氏菌检测，防止场内存在感染风险。

感染布病的病牛所产犊牛应隔离，用母牛初乳人工饲喂5～10天，后喂健康牛乳或巴氏灭菌乳。在5月龄及9月龄各进行1次检疫，全部阴性时即可认为是健康犊牛。培育健康羔羊群则在羔羊断乳后隔离饲养，1个月内做2次检疫。如有检测阳性动物则淘汰，其余的饲养1个月后再进行检疫，淘汰阳性动物后至全群阴性，则认为是健康羔群。仔猪在断乳后立即隔离饲养，2月龄及4月龄各检疫1次，如全为阴性即可视为健康仔猪。

57 养过患布病牲畜的牛舍、羊圈还能继续养牲畜吗？

答 可以，但是首先应对患病动物污染的圈舍、用具、物品严格进行消毒灭菌。饲养场的金属设施、设备可采取火焰、熏蒸等方式消毒；圈舍、场地、车辆等，可选用2%氢氧化钠（烧碱）、过氧乙酸溶液、含氯消毒剂等有效消毒剂消毒；饲料、垫料等的消毒，可采取深埋发酵处理或焚烧处理；粪便消毒采取堆积密封发酵方式；皮毛消毒用环氧乙烷、福尔马林熏蒸等。

58 布病会在人与人之间互相传播吗?

答 人类多由于接触感染动物的排泄物，或食用患病动物制成的食品而患病，未发现有确切的证据证明通过病人传染引起的病例，所以一般认为人与人之间的日常接触没有传染风险。

59 宠物犬、猫会得布病吗?

答 常见宠物犬、猫是有可能感染布病的，所以在饲养宠物时要有良好的饲养习惯，不饲喂来源不明的生肉或奶制品，避免宠物接触布病传染源。

60 是否可以将牛羊等牲畜饲养在自家居住的小院内？

答 实际生产生活中很难保证牲畜绝对不携带传染病病原，牲畜感染布病后分泌物会污染环境，人在这种环境中生活很容易感染布病，因此要避免人畜混居。

附录　我国布病防控相关法律、法规等规范性文件

中华人民共和国
生物安全法

中华人民共和国
动物防疫法

布鲁氏菌病
防治技术规范

畜间布鲁氏菌病
防控五年行动方案
（2022—2026年）

病死及病害动物
无害化处理技术规范

重大动物疫情
应急条例

2022年国家动物
疫病免疫技术指南
（布鲁氏菌病部分）